NOUVEAUX PROCÉDÉS DE DISTILLATION

PERRIER, Ingénieur des Arts-et-Manufactures
Paris. — 30, Quai de Béthune, 30. — Paris

Rénovation du Matériel

AUTORECTIFICATEURS CONTINUS

Distillation économique & Rectification par Première Distillation

TRANSFORMATION des appareils de tous systèmes **CONTINUS & DISCONTINUS** en **AUTORECTIFICATEURS**

RÉGULATEURS DE TEMPÉRATURE FIXANT AUTOMATIQUEMENT dans toute colonne le régime de distillation le plus économique

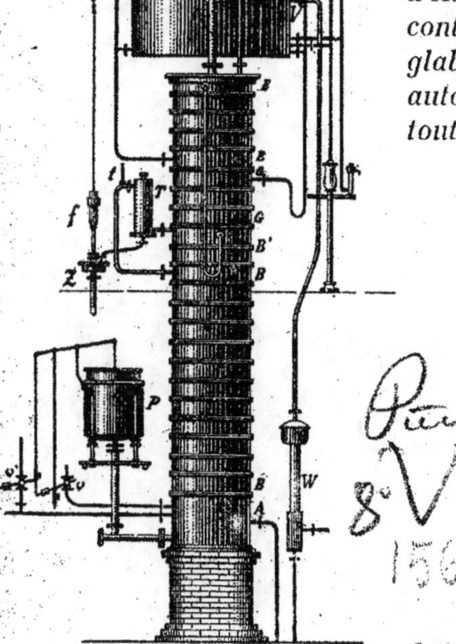

Seul système d'appareils continus, d'Alambics ou de Rectificateurs discontinus donnant un titre fixe, réglable à volonté à l'avance et restant automatiquement invariable pendant toute la durée des opérations.

DIPLOME D'HONNEUR

EXPOSITION UNIVERSELLE

Paris 1900

MÉDAILLE D'OR

EXPOSITION INTERNATIONALE

DE L'ALCOOL

Paris 1892

BREVET VENDU EN RUSSIE

Seuls appareils à distiller assimilés aux appareils à rectifier par ukase impérial du 4/16 mai 1894

NOUVEAUX PROCÉDÉS de DISTILLATION

NOUVEAUX PROCÉDÉS de DISTILLATION

RENOVATION DES APPAREILS A DISTILLER
DE TOUS SYSTEMES CONTINUS ET DISCONTINUS

Dans l'état actuel du matériel de distillation, des modifications s'imposent tout aussi bien dans les appareils continus que dans les appareils discontinus.

Dans tous :

La marche peut et doit y être régularisée et rendue plus économique ;

L'alcool doit y être produit au titre et au degré de pureté voulus.

Les nouveaux procédés mis en œuvre pour opérer cette rénovation mettent à profit la loi de Physique Générale qui *rend la température des vapeurs en cours de distillation ou de condensation absolument solidaire de leur richesse alcoolique.*

Cette étroite corrélation a permis *d'inverser le problème de la distillation en substituant :*

à la recherche *du titre* que rien ne révèle à travers la paroi des appareils.

la recherche *de la température,* que l'on rend aussi apparente qu'on le désire et que l'on suit et règle à volonté dans tous les organes.

Les organes spéciaux de régularisation et d'analyse créés à cet effet, *organes pouvant s'adapter à tous les appareils actuels,* permettent de déterminer à l'avance et de graduer à volonté la température des vapeurs, et, de ce fait, leur richesse alcoolique, à toutes les étapes de leur parcours et, une fois le régime établi, de le maintenir automatiquement invariable.

C'est donc la *température ignorée dans les appareils actuels,* qui dans les nouveaux procédés vient présider à toutes les phases de la distillation et en préciser tous les résultats.

COLONNES DE DISTILLATION

IRREGULARITES DE MARCHE OBLIGATOIRES
DANS LES COLONNES ACTUELLES

Toutes les colonnes à distiller sont soumises à de continuelles irrégularités de marche, par suite des fluctuations ininterrompues qui surviennent dans leur régime alimentaire.

Le distillateur ne disposant d'aucune donnée pour apprécier les déséquilibres à leur début et les rétablir aussitôt, il s'en suit que :

Tantôt c'est l'alimentation alcoolique qui l'emporte et la colonne se charge d'un excédent d'alcool qu'elle rejette dans les vinasses ;

Tantôt cette alimentation est insuffisante et la colonne s'épuise en consommant un excès onéreux de combustible.

Le titre, l'épuisement, le rendement, le coût de la distillation, restent donc constamment variables et indéterminés.

C'est dans ces alternatives de pertes continuelles que fonctionnent toutes les colonnes actuelles.

DISTILLATION ECONOMIQUE
automatiquement régularisée dans toute colonne.

Toutes ces causes d'irrégularités de fonctionnement et de dépenses, sont supprimées par l'adjonction à toute colonne de trois organes :

UN RÉGULATEUR DE PRESSION à double effet et à régime instantanément variable actionne la valve de chauffe, pour maintenir une tension de vapeur constante à l'intérieur des colonnes et *assurer la distillation d'un volume de vapeur constant.*

Mais ce volume constant ne préjuge en rien du rendement alcoolique ni du degré d'épuisement, qui dépendent l'un et l'autre de la richesse alcoolique des vapeurs ou de leur température qu'il est indispensable de régler.

Un RÉGULATEUR DE TEMPÉRATURE remplit cette mission.

Il actionne la valve d'alimentation du liquide à distiller pour fixer et maintenir invariable le degré de chaleur des vapeurs en cours de distillation;

Il en précise donc la richesse alcoolique *et régularise de ce fait la marche et le rendement de toute colonne.*

Reste à fixer le degré de chaleur qui doit présider à la *marche économique de la distillation.*

Ce degré de chaleur est tel :

Que *toute surélévation de température* est l'indice certain d'une colonne trop épuisée qui consomme en pure perte un excédent de combustible.

Que *tout abaissement de température* est l'indice certain d'une colonne chargée d'un excédent d'alcool qu'elle rejette dans les vinasses.

Un VÉRIFICATEUR D'ÉPUISEMENT vient, par un contrôle permanent, renseigner le distillateur sur le degré de chaleur qu'il doit assigner au régulateur de température pour obtenir dans la colonne *le régime de distillation le plus économique.*

Ces trois organes, indispensablement solidaires les uns des autres, constituent le groupe régulateur de la distillation économique.

Ce groupe P T W, adapté à toute colonne, réalise cet équilibre idéal de marche d'un appareil s'alimentant lui-même:

De la dose exacte d'alcool qu'il peut épuiser.

De la dose exacte de vapeur indispensable au strict épuisement,

Pour garantir la régularité de marche, de rendement et la permanence du régime de distillation le plus économique.

En résumé, l'emploi de ces trois organes met le distillateur complètement à l'abri de toutes les variations alimentaires et le rend seul maître de la production économique du travail de distillation.

CONCENTRATION ET FRACTIONNEMENT

Irrégularités obligatoires des organes de concentration en usage et leur impuissance au fractionnement continu du fait des condenseurs à renouvellement de liquides.

Les organes de concentration en usage comprennent *tous des condenseurs alimentés par une circulation de liquide* que les vapeurs réchauffent en se condensant.

Ces courants alimentaires en vapeur de distillation et en liquide condensateur sont l'un et l'autre toujours variables et indéterminés dans leur intensité comme dans leur température et leur *disproportion continuelle s'oppose à tout travail de concentration suivi*.

De plus, comme avec le renouvellement de liquide les vapeurs sont exposées au contact de parois dont les températures sont continuellement changeantes à tous les étages, tous les condenseurs actuels obéissent au *principe de la paroi froide de Wall*, en condensant indistinctement les produits plus et moins volatils sans sélection aucune.

De là ces rétrogradations alcooliques et autres produits plus volatils encore, faites en excès, à l'aveugle et qu'il faut réébullitionner.

Les condenseurs actuels sont donc d'un emploi coûteux.

Ils sont, en outre, impropres au fractionnement, par suite des condensations prématurées qu'ils provoquent.

Toutes ces irrégularités, ces excédents de dépense, cette impuissance même comme organes de fractionnement, sont complètement supprimées par l'emploi des *Analyseurs homothermes*.

Concentration et fractionnement économiques et automatiques par les analyseurs homothermes, à liquides condensateurs non renouvelés et bouillants.

Les analyseurs homothermes sont caractérisés par l'emploi de *liquides condensateurs non renouvelés et bouillants* que les vapeurs de distillation portent et maintiennent elles-mêmes en continuelle ébullition.

Ces liquides condensateurs possèdent dès lors cette précieuse particularité commune aux liquides maintenus en ébullition sous pression et composition constantes :

D'avoir une température uniforme à tous les étages de leur masse.

Toute la chaleur abandonnée par la condensation des vapeurs alcooliques au liquide condensateur en ébullition, est ici utilisée sous forme de chaleur latente de vaporisation à produire des vapeurs qui se dégagent d'elles-mêmes, dès leur formation, sur des réfrigérants extérieurs où elles se condensent et perdent à leur tour, calorie par calorie, toute la chaleur emmagasinée.

Aussitôt ramenées à l'état liquide, elles réintègrent le bain condensateur pour se remettre de nouveau en charge et conserver ainsi indéfiniment intacte toute sa puissance de condensation.

Les nouveaux condenseurs vont donc prélever eux-mêmes aux réfrigérants le strict élément de froid destiné à équilibrer très exactement la radiation de chaleur qu'ils perçoivent, quelque variable soit-elle, sans qu'aucune modification ne puisse survenir dans la chaleur sensible des liquides condensateurs.

Leur puissance d'action instantanément et automatiquement renouvelée se maintient donc indéfiniment semblable à elle-même.

À l'abri de ce degré de chaleur unique et immuable les analyseurs homothermes se comportent :

1° Comme *condenseurs à température fixe*, à l'égard des produits les moins volatils qu'ils condensent et rétrogradent pour en expurger les vapeurs qui les traversent :

2° Comme *foyers à température fixe*, à l'égard des produits les plus volatils qu'ils maintiennent à l'état de vapeur et auxquels ils livrent passage pour en expurger les liquides condensés :

3° Comme *rectificateurs à température fixe*, par suite de leur dispositif intérieur tout spécial, faisant subir aux vapeurs et à leurs liquides rétrogradés un travail d'analyse moléculaire dont l'action rectificatrice complète l'épuration des produits les moins volatils, et que la condensation seule est impuissante à arrêter ;

4° Enfin, comme *organes de fractionnement à température fixe*, en ramenant les vapeurs qui les traversent :

A une même température constante, pendant toute la durée des opérations,

A une même richesse alcoolique, maintenue constante par l'invariabilité de température.

Au même degré d'épuration en produits moins volatils,

Au même degré d'épuration en produits plus volatils.

Les analyseurs homothermes constituent à eux seuls des organes complets de fractionnement et d'analyse donnant directement les titres les plus élevés sans recourir aux plateaux rectificateurs.

Dans de telles conditions, si on fait parcourir aux vapeurs de distillation des analyseurs successifs réglés à des températures progressivement décroissantes, l'irréductible uniformité de chaleur et d'analyse qui préside invariablement au travail de chacun d'eux, donne, d'un analyseur à l'autre, le fractionnement régulier et indéfiniment semblable à lui-même des mêmes produits volatils.

Tel est le mode de fractionnement précis et économique que donnent les analyseurs homothermes.

Avec eux :

Disparaît l'écueil jusqu'ici insurmonté de la paroi froide, faussant le travail de la distillation, le rendant coûteux et s'opposant à tout fractionnement ;

Plus de disproportion entre les régimes alimentaires ;

Plus d'insuffisance, ni d'excès de refroidissement dans les organes de condensation et d'analyse.

La perfection de leur travail fait des *Analyseurs homothermes* des organes indispensables à la concentration économique et automatique, tout aussi bien dans les appareils continus que dans les appareils discontinus.

Quant au *fractionnement en travail continu*, il ne peut être réalisé qu'avec leur concours.

Les quelques descriptions qui suivent démontrent la facile

adaptation des nouveaux organes aux divers systèmes d'appareils en usage.

RENOVATION DES APPAREILS DISCONTINUS

Transformation des alambics discontinus.
Seul système d'alambic discontinu à titre fixe.

Production directe et économique des spiritueux à titre fixe, réglable à volonté à l'avance et automatiquement invariable jusqu'à complet épuisement à la chaudière.

La puissance de concentration des analyseurs homothermes ne saurait mieux être caractérisée que par l'application qui en est faite aux alambics discontinus.

Il suffit, en effet, d'interposer un analyseur K entre la chaudière A et le réfrigérant R d'un alambic discontinu quelconque (fig. I, type 152) pour qu'à leur sortie de l'analyseur les vapeurs donnent une coulée alcoolique d'un titre que l'on fixe à l'avance par le point d'ébullition du liquide condensateur et qui reste ensuite absolument invariable jusqu'à complet épuisement de l'alcool à la chaudière.

L'économie de distillation qui résulte de la suppression des coûteuses rétrogradations que provoquent les parois froides des condenseurs actuels ;

L'épuration des mauvais goûts de flegme et d'empyreume qui sont inflexiblement arrêtés et rétrogradés permettent à tout alambic de préparer par première distillation et sans repasse tous les spiritueux,

Alcool, eaux de vie, cognacs, rhums, liqueurs, etc., à l'état épuré et à un titre réglable à volonté à l'avance et maintenu ensuite automatiquement invariable jusqu'à complet épuisement à la chaudière.

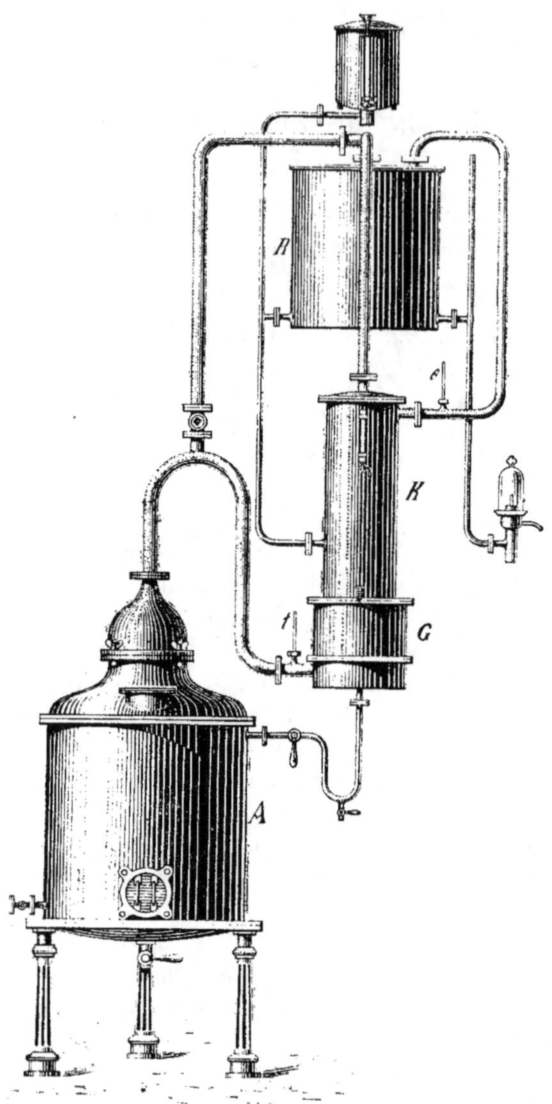

Fig. 1. — Type 152

Transformation des rectificateurs discontinus.

Production directe et économique de l'alcool rectifié avec fractionnement simultané et automatique des sous-produits à l'état concentré.

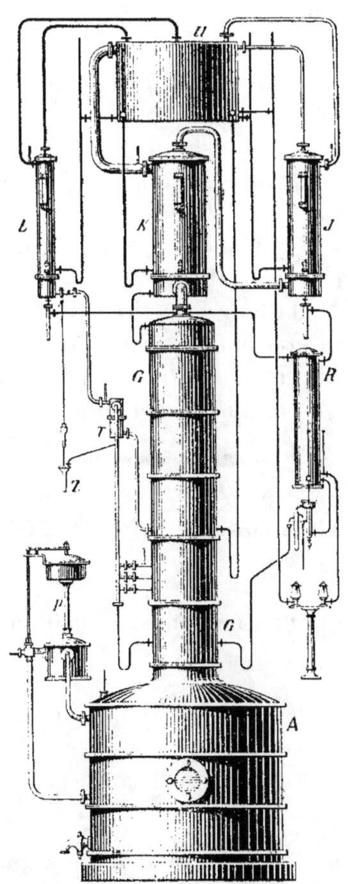

Fig. 2. — Type 172

Adaptés aux rectificateurs discontinus, les analyseurs homo-thermes opèrent simultanément la rectification de l'alcool et la concentration des sous-produits malgré l'extrême variabilité de leur composition du début jusqu'à la fin de l'opération.

Un premier analyseur K, disposé à la sortie de la colonne de concentration G, délimite sans variation aucune le titre des vapeurs qui le traversent ainsi que leur degré d'épuration en produits moins volatils.

Un deuxième analyseur J condense et rétrograde l'alcool qu'il sépare des produits de tête incondensables à la haute température qui règne dans l'analyseur.

Ce fractionnement continu supprime la longue période de coulée de têtes, consacrée, dans tous les rectificateurs actuels, à réébullitionner les condensations indéfiniment renouvelées au contact des *parois froides et garantit l'alcool contre la contamination des produits de têtes.*

Un troisième analyseur L concentre une dérivation de produits amyliques prélevés sur la colonne, s'oppoose à leur accumulation et prévient de leur infection la coulée alcoolique.

Ce fractionnement continu supprime *la période des moyens et mauvais goûts de fin d'opération et concentre dans la coulée de cœur la presque totalité de l'alcool.*

◆━●━◆

RENOVATION DES APPAREILS CONTINUS

Transformation des colonnes à distiller continues.

Régularité de marche de rendement et économie de distillation automatiquement assurés dans toute colonne.

(Fig. 3.   Type 341)

Sans modifier en rien la structure des appareils existants, il suffit d'adapter à toute colonne le groupe régulateur de distillation comprenant :

Un régulateur de pression P ;

Un régulateur de température T ;

Un vérificateur d'épuisement W.

Pour en régulariser la marche, en préciser le rendement,
la rendre économique et automatique.

Cette adaptation réalise dans toute colonne cet équilibre
idéal de marche d'un appareil s'alimentant lui-même :

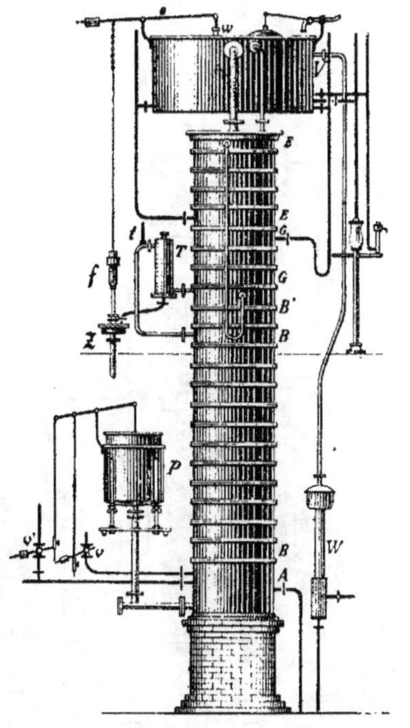

Fig. 3. — Type 341

*De la dose exacte du liquide à distiller qu'il peut épuiser,
malgré les variations de richesse des vins en cours de distillation ;*

*De la vapeur de chauffe strictement indispensable à l'épui-
sement alcoolique ;*

*Garantissant enfin, avec la régularité de marche automa-
tique, la permanence du régime le plus économique de la distillation.*

Transformation des appareils à distiller continus.

*Production directe, économique et automatique de l'alcool
à haut litre dans toute colonne.*

(Fig. 4. — Type 339)

En adjoignant à toute colonne au groupe des régulateurs de

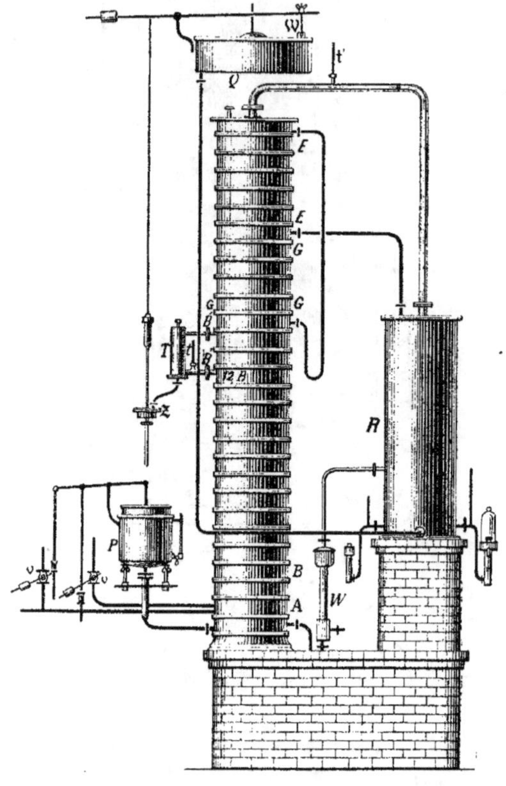

Fig. 4. — Type 339

distillation P. T. W. qui doivent dans tous les cas présider au
travail économique et automatique de la distillation, *un analyseur moléculaire chauffe-vin E.* au lieu et place des chauffe-

vins ordinaires, on obtient directement le plus haut titre que puisse donner l'emploi exclusif du vin comme liquide condensateur.

La préparation de l'alcool d'industrie trouve avec cette disposition sa solution la plus simple, et cela, avec tous les avantages économiques et pratiques déjà énumérés.

Avec cette disposition, le titre alcoolique ne saurait être précisé à l'avance, il varie dans de très faibles limites avec la richesse alcoolique des liquides à distiller.

Transformation des appareils à distiller continus.

Production directe et économique de l'alcool à un titre quelconque réglable à volonté et automatiquement invariable dans toute colonne.

(Fig. 5. — Type 338)

En dirigeant les vapeurs qui se dégagent des organes de distillation sur un *analyseur homotherme*, quelque variables que soient l'intensité du courant de vapeur et sa teneur en alcool, l'homothermie de l'analyseur :

Assigne au courant de vapeur qui le traverse une température, c'est-à-dire un titre alcoolique, réglable à volonté à l'avance et automatiquement invariable ;

Supprime les condensations alcooliques en excès que provoquent tous les condenseurs actuels à renouvellement de liquide et prévient ainsi leurs coûteuses réébullitions ;

Il s'oppose enfin à plus forte raison à la condensation prématurée des produits plus volatils encore qui ne peuvent plus venir contaminer les produits moins volatils qui ont été condensés.

Aux économies réalisées par les régulateurs de distillation P. T, W. l'intervention des analyseurs homothermes, en supprimant toute condensation inutile, vient adjoindre aux avantages économiques de la concentration la précieuse particularité d'opérer le *fractionnement des vapeurs en cours de condensation*, fractionnement de tous points irréalisable avec tous les condensateurs existants.

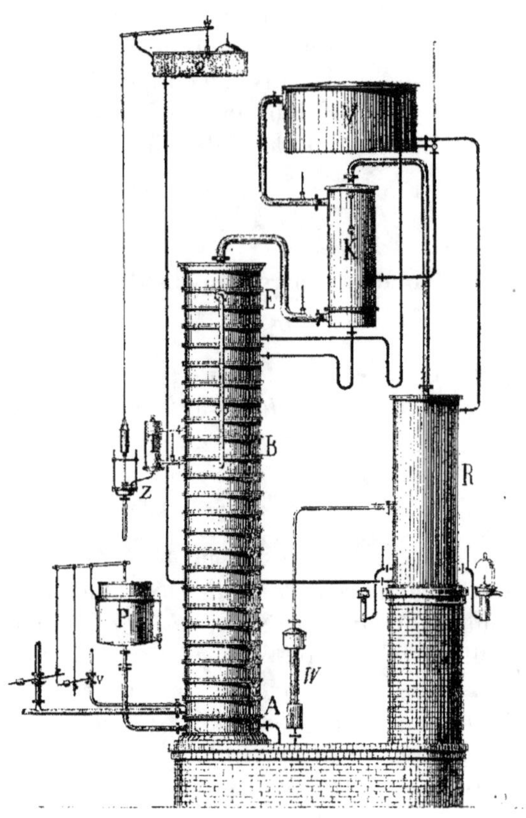

Fig. 5. — Type 338

Transformation des appareils à distiller continus.

*Production directe économique des alcools et des spiritueux
à un titre réglable à volonté et automatiquement invariable,
avec fractionnement des produits plus ou moins volatils.*
(Fig. 6.   Type 337)

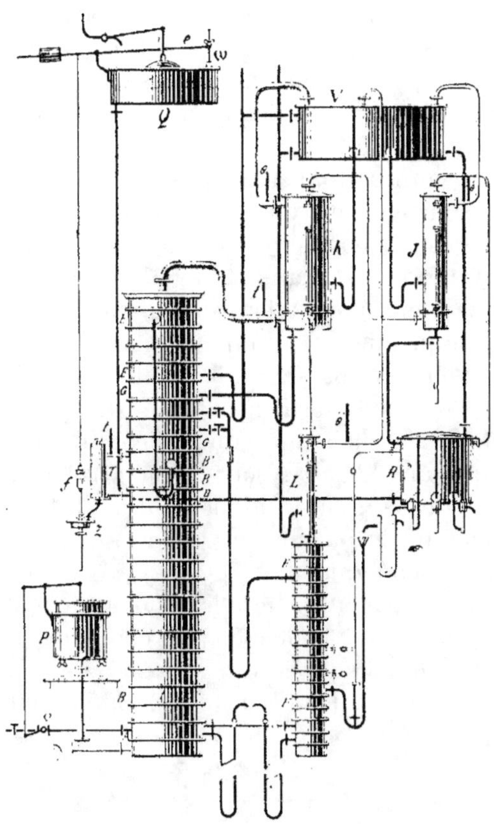

Fig. 6 — Type 337.

L'adaptation à toute colonne de deux analyseurs homothermes successifs, K, J, réglés à des températures différen-

les, fait subir aux courants des vapeurs de distillation deux abaissements de température absolument délimités et fixes qui en opèrent le fractionnement.

À l'abri de son immuable homothermie, l'analyseur K détermine très exactement la nature *des produits les moins volatils dont il expurge les vapeurs*, il réduit au strict indispensable les rétrogradations alcooliques, il livre enfin passage aux vapeurs d'alcool et à tous les autres produits volatils.

Les vapeurs pénètrent alors dans l'analyseur J où elles abandonnent l'alcool qui rétrograde sur le réfrigérant R, tandis que les produits de tête, incondensables à la haute température des analyseurs se dégagent de J et vont se condenser en R.

Pour opérer un fractionnement des produits les moins volatils, il suffit de diriger les rétrogradations de K sur une colonnette spéciale H surmontée d'un analyseur homotherme L pour en opérer la concentration et l'analyse.

Cette disposition répond à la préparation directe des alcools de consommation qu'il y a toujours lieu d'épurer par suite des mauvais goûts qui passent à la distillation, même avec les vins de choix les mieux fermentés.

Il suffit de régler la température d'ébullition des liquides condensateurs dans les analyseurs pour arrêter et éliminer à volonté les mauvais goûts qui dénaturent les spiritueux et rehausser d'autant le parfum des aromes que l'on concentre dans la coulée alcoolique.

Un simple changement de liquide condensateur dans les homothermes permet, avec le même appareil, de préparer à l'état épuré et au titre que l'on désire :

L'alcool, le *trois-six*, les *eaux-de-vie, rhums*, etc.

Transformation des appareils à distiller continus en autorectificateurs.

Production directe, économique et automatique de l'alcool rectifié avec le fractionnement simultané des sous-produits concentrés.

(Fig. 7. — Type 369)

Dans les autorectificateurs continus, trois groupes d'organes de distillation, de concentration et d'analyse, concourent au travail de *double fractionnement* que comporte la préparation simultanée de l'alcool neutre et de ses sous-produits.

Par voie de distillation, un premier classement s'opère sur les vapeurs qui, isolément dirigées dès leur formation sur des analyseurs qui leur sont exclusivement réservés, y sont épurés par voie de condensation et d'analyse.

Le premier groupe analyseur C, D, I, distille, concentre, épure et isole les produits de tête ;

Le deuxième groupe G, K, J, distille, concentre, épure et isole l'alcool ;

Le troisième groupe H, L, M, distille, concentre, épure et isole les produits amyliques.

Les produits fractionnés ne chevauchant plus ici les uns sur les autres, sont préservés de leur contamination réciproque et le travail de fractionnement qu'opèrent les analyseurs est complètement mis à l'abri de toute cause de variation extérieure ou intérieure.

C'est ainsi que s'opère la classification simultanée des produits *aldéhydiques*, toxiques et nauséabonds, des *produits éthérés*, de *l'alcool rectifié*, des *produits aromatiques* et des *produits amyliques et empyrenmatiques*.

Par la distillation fractionnée intégrale qu'opèrent les autorectificateurs, la sélection de l'alcool neutre, et le classement des divers produits qui l'accompagnent, permettent de donner à chacun d'eux leur valeur intrinsèque.

Il n'en reste pas moins l'extrême facilité de concentrer tous les aromes dans la coulée alcoolique dont le goût et la valeur ne sont plus dépréciés par les mauvais produits que l'on exclut à volonté.

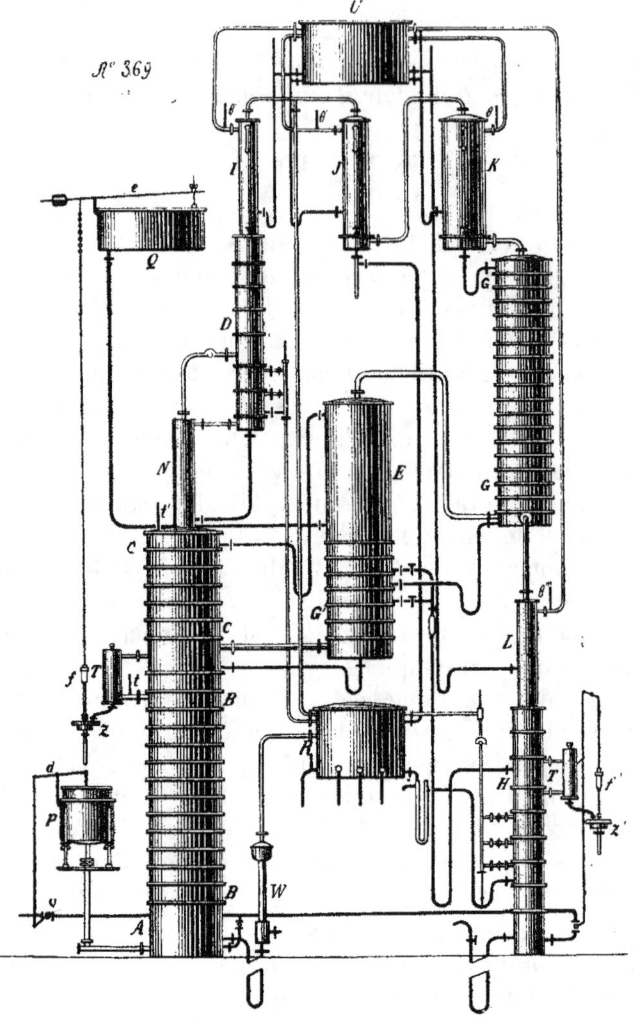

Fig. 7. — Type 369

Paris. — Typ. A. Davy, 52, rue Madame. — *Téléphone 704-19.*

Distillerie agricole de M. F. PLUCHET, à Trappes (Seine-et-Oise)

Vue de la salle de distillation et de fermentation

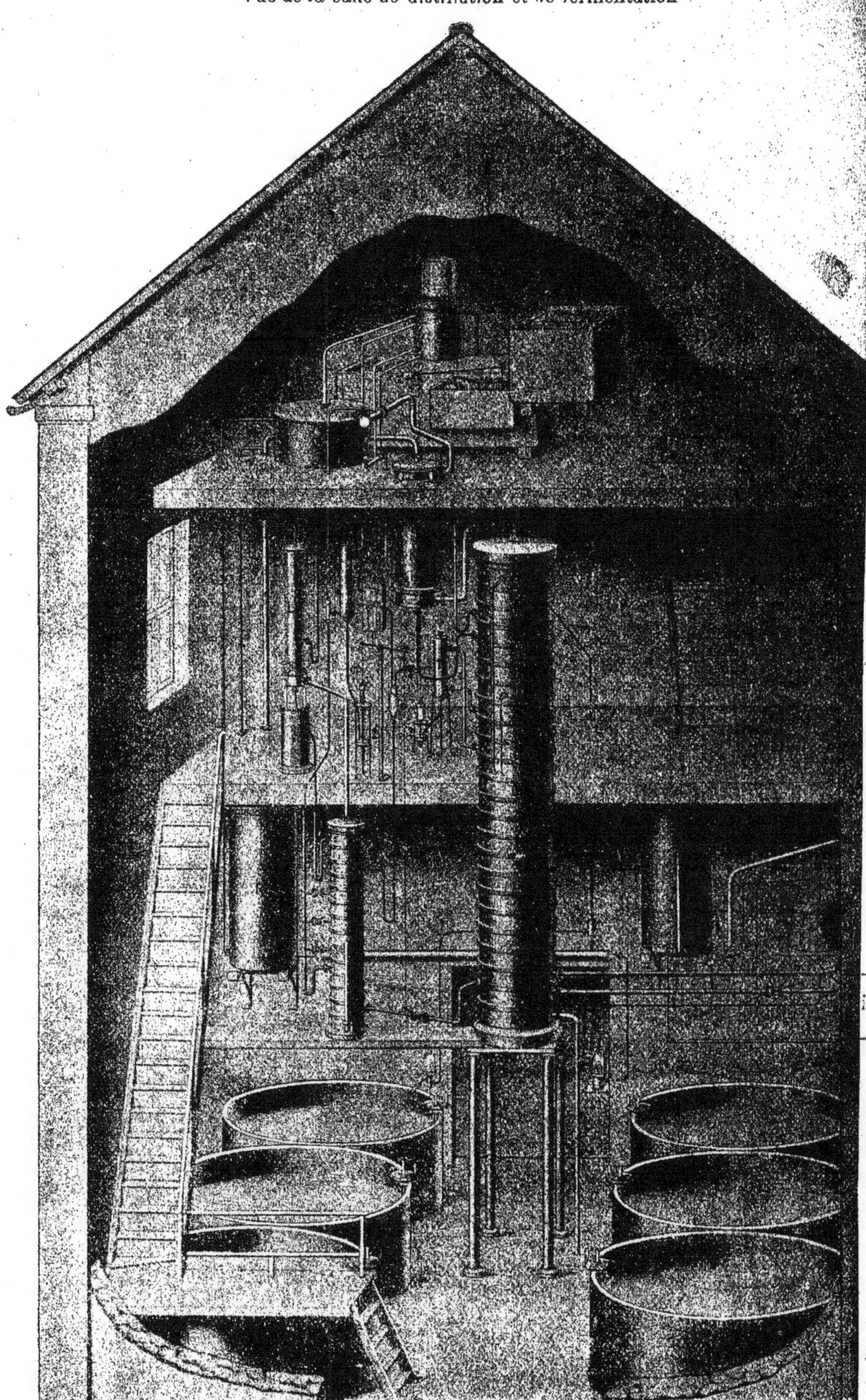

APPLICATION DES PROCÉDÉS O. PERRIER, INGÉNIEUR A PARIS

www.ingramcontent.com/pod-product-compliance
Lightning Source LLC
LaVergne TN
LVHW051341200726
843510LV00002B/744